环境艺术设计丛书

吴家骅　主编

公共艺术设计

（修订版）

施　慧　编著

中国美术学院出版社

责任编辑：楼　芸
封面设计：李　文
责任校对：杨轩飞
责任印制：张荣胜

图书在版编目（CIP）数据

公共艺术设计 / 施慧编著. -- 修订本. -- 杭州 : 中国美术学院出版社，2021.1
（环境艺术设计丛书 / 吴家骅主编）
ISBN 978-7-5503-1996-7

Ⅰ. ①公… Ⅱ. ①施… Ⅲ. ①建筑设计－环境设计－教材 Ⅳ. ①TU-856

中国版本图书馆 CIP 数据核字(2020)第 258252 号

环境艺术设计丛书
吴家骅　主编
公共艺术设计（修订版）
施　慧　编著

出 品 人：祝平凡
出版发行：中国美术学院出版社
地　　址：中国・杭州市南山路 218 号 / 邮政编码：310002
网　　址：http：//www.caapress.com
经　　销：全国新华书店
制　　版：杭州海洋电脑制版印刷有限公司
印　　刷：浙江省邮电印刷股份有限公司
版　　次：2021 年 1 月第 2 版
印　　次：2021 年 1 月第 1 次印刷
印　　张：7.25
开　　本：787mm×1092mm　1/16
字　　数：120 千
印　　数：0001 － 2000
书　　号：ISBN 978-7-5503-1996-7
定　　价：58.00 元

序

这是一套有关环境设计的丛书，涉及到环境设计的技能、思想方法以及必备的职业修养。考虑到基础教材建设的需要，该丛书涉猎的面较广，重在普及，面向广大的初学者。但是，作为教材，一些基本的理论问题也在该丛书的讨论之列，读者可以根据自己的需要来阅读、取舍。

然而，环境艺术设计的教学体系还有待完善，因此，这套丛书的写作，与其说是著作，还不如说是一份“总结”——建设我国环境艺术教学体系全过程中的一个局部的总结。

我们试图将这个总结做得好一些、全面一些、深入浅出一些。这个目标是否达到，还需要读者来评定。即便如此，必须提及的是：在整个丛书的编纂过程中，陈平、朱淳两位同志在文稿组织、文字订正和图片的编辑上做了大量的工作，贡献是实实在在的。

吴家骅

1995 年 1 月于中国美术学院

目　录

第一章　公共艺术的概念

当一个国家的政治、经济、文化发展到一定程度时，人民对生活品质的要求也相应提高，社会发展进程中所带来的种种环境问题也日益引起人们的关注。今天的中国，快速发展的经济和工业化所带来的人文建设和环境景观问题显得日益尖锐，尤其在都市文明的建设中，急剧变化的都市风貌，造成了现代人迷茫、扭曲的环境价值观。传统的城市格局消失在突兀高拔的现代楼群中，纷至沓来的视觉变幻显露着商品社会的光彩。当步履匆匆的现代人偶尔驻足观望的时候，突然惊觉到周围环境的陌生而由此产生一种莫名的失落感。因此，现代都市人文景观建设和都市环境空间改善，是建筑师、空间设计师和艺术家面临的一个严峻的、不可回避的课题。

围绕公共开放空间现象，回溯公共艺术的特点和发展脉络，透析公共艺术与公众、自然环境、文化背景的关系，由此层层深入探讨人文景观的建设和改善，正是本书的一个基本定位。

公共领域（Public Sphere）是近年来英语国家学术界常用的概念之一。这一概念是根据德语“Offentlichkeit”（开放、公开）一词译为英文的。这个德语概念根据具体的语境又被译为“The Public”（公众）。这种具有开放、公开特质的，由公众自由参与和认同的公共性空间称为公共空间（Public Space），而公共艺术（Public Art）所指的正是这种公共开放空间中的艺术创作与相应的环境设计。

第一节　公共艺术的发展

人类公共环境是一个以社会群体部落为形象的活动舞台，是一个与地貌、人种、文脉、生态有着千丝万缕联系的人类生存环境。从艺术的角度来考虑和对待公共环境，是人类优化生存状态、优化自身境况的一个重要方向。回溯社会历史的发展，我们可以读到这样一部关于环境艺术和公共艺术的发展史。

古代的洞穴绘画和在英国发现的巨大石环斯顿亨吉（Stonehenge）可能是最早的公共艺术（图 31）。罗马帝国时代，城市几条交通要道的叉路口或广场上耸立起方尖碑和凯旋门，它既成为

图1　罗马北门广场，独立的方尖碑是各方向道路的焦点。

统治者权利的象征，也成为城市规模与方向的指认系统（图1）。都市规划与环境艺术的概念一直是统一发展的两个方面。在法国，最早具规划性的都市，是罗马时代的产物。典型的罗马式都市是由格子形式组成的，中央是公共集会广场，东西与南北是两条交叉大道。两侧以圆柱装饰，圆柱的高度、柱头的细部设计、柱与柱之间的距离都是按统一的模式完成的。这可以说是都市建设与艺术结合的最早例证。中世纪（主要是13、14世纪）因宗教的力量产生了大量以宗教纪念性为主的公共艺术，主要集中于大教堂上。它是以基督教精神为象征的代表，工匠们投注了无以数计的时间和精力创造了大量宗教纪念性题材的雕塑作品，激发着人们对宗教的热爱和崇高的情感（图2）。文艺复兴时期，创造理想城市成为建筑师、设计师、艺术家们追求的目标。文艺复兴三杰之一的米开朗基罗，将绘画、雕刻、建筑与城市的建造集聚一体，体现了都市与艺术的完美结合。至17、18世纪，都市环境一直被作为理想化和美学化的对象。这一时期都市公共空间中的作品有喷泉、纪念柱、方尖碑之类的装饰与雕刻，寓意性的表现成了重要课题（图3）。

图2　13世纪艺术家尼古拉·比萨诺（Nicola Pisano）为比萨洗礼堂布道坛而作的宗教纪念性浮雕——《三王朝拜》。

图3　亚当·兰伯特·西日斯贝（Adam Lamber Sigisber）所作的海神喷泉局部，现存凡尔赛宫，铅铸，完成于公元1740年。

19 世纪，西方的工业革命，在给都市带来财富的同时也带来了环境污染和低俗的“暴发户文化”，英、法、德国都经历了这一过程。在向工业化都市转型的过程中，一方面出现代表新兴阶级的艺术品味及在此基础上建设起来的现代都市格局和活力；另一方面，传统的文化环境和自然环境也由于空前的掠夺和疯狂的扩张而受到极大的破坏，人与自然的传统格局沦丧在了人自身的盲目而狂妄的发展之中。

然而有一个例外，那就是西班牙。西班牙由贵族阶层和中产阶级领导了这场向工业化转型的革命，他们成功地主导了西班牙的工业化过程，避免了 19 世纪新兴中产阶级争权夺利的斗争。19 世纪中叶，巴塞罗那拆除了旧城墙，展现出向外扩展的都市发展趋势。1859 年，工程师及都市规划师伊尔德方斯 • 塞尔达（Ildefons Cerda）提出他的巴塞罗那扩张计划——即以棋盘式的形式，将巴塞罗那老城区与邻近的小城镇连接成为一个新的工业化都市。这一规划的特色是，棋盘的方块均有 20 米宽的四个大切角，使得交叉路的四角形变成为八角形，而这些八角形为每个十字路口留下了一块可观的公共空间。时至今日，塞尔达的创作仍然发挥着作用，既解决了现代都市的繁忙交通问题，又成为街廊活动的交点（图 32）。此后，西班牙的公共艺术也相应得以发展，反映在广场、公园的规划以及路灯、坐椅等公共设施的方方面面，其代表人物是安东尼奥 • 高迪（Antonio Gaudi）。

20 世纪初兴起的现代艺术运动极大地影响了环境艺术的设计与创造。艺术家摒弃各种传统形式，致力于追求内在的自我表现，并探索非传统形式的思想模式。现代设计运动的建筑师们则运用大量新的技术与材料、完美的比例与节奏来彰显其功能性的结构设计。当现代设计运动仍处在再评估阶段中时，后现代主义随即兴起，利用丰富的、有趣的装饰元素来表达创造者对历史形式的奇思妙想。这些思潮带领的设计运动在 20 世纪百花齐放，各行其事；各种式样的建筑在环境中试验、生长并蔓延。而这些依据理性思考、精确计算所绘制的完美平面图所建造的环境，在使用上常常缺乏人性尺度的亲切感。20 世纪 60 年代人们开始意识到这种建筑模式的转型而带来的种种问题，建筑的本体塑造在大工业化时代已不可能面面俱到，由此，建筑界面外的环境设计成为了弥补建筑单体缺陷的一种可能。这一观念的提出，造就了环境中公共艺术课题的复萌。于是，艺术家们又重新回到都市建设的舞台，他们尝试在作品中反映社会文化、大众行为及环境生态等，艺术家与建筑师、空间设计师的结合使环境中的使用者感受到了其中点滴的文脉和潜藏的人性。与此同时，被命名为“大地艺术”和“景观艺术”的作品在美国成为潮流，在其充满实验性的环境里，陈述着人类与自然之间的关系。至此，公共艺术在80年代有了较完整的界定：它是一种艺术，不仅是为公共场所而塑造，更具有一些“社会功能”的性质。

在我国，距今近2000年前的汉代建筑——石阙，也许可以说是我国最早的公共艺术。阙，是古代建筑在宫殿、祠庙和陵墓前对称布置的高建筑物（图4）。阙的作用主要是标志，标志着一个领域的开始，或标志其后有大的建筑群。阙设在这些建筑的主要道路两侧，标志并引导行进的方向。东汉时洛阳德阳殿前的朱雀阙高耸入云，40里之遥即可看见。

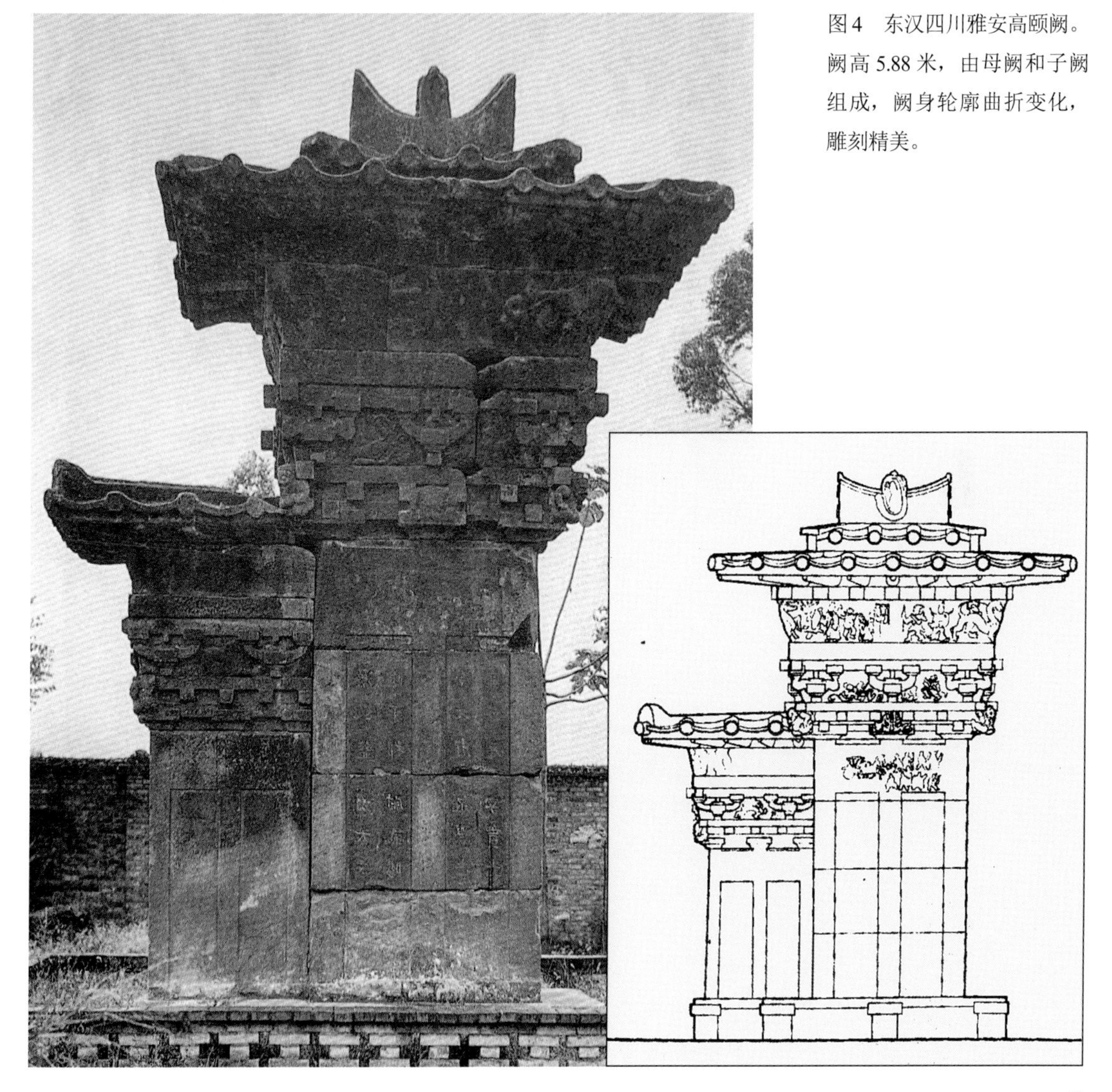

图4　东汉四川雅安高颐阙。阙高5.88米，由母阙和子阙组成，阙身轮廓曲折变化，雕刻精美。

图5　南朝齐景帝修安陵石雕麒麟（江苏丹阳县）。

图6　南朝萧景墓神道石柱，是南朝陵墓中极富特点的石雕作品。

我国古人对环境空间的认识、理解以及运用甚早，从南朝以来的陵墓建设中可窥见一斑。南朝的陵基一般不起坟，只建神道。神道上置一对石兽或麒麟做辟邪（图5、图6）；另置一对神道栏——由墓表和石碑组成。平坦的地面将墓葬无限地延伸开去。开阔的空间为营造墓葬的氛围起了极大的烘托作用。唐朝的皇陵，大多以山峰作为陵室，视野更为开阔。至明清时的陵寝建筑，采用了公共神道、牌坊、华表和碑亭，十三陵是明陵中最具代表性的一个。牌坊、华表和碑亭成了古代陵墓、宫殿、庙宇、园林前特有的纪念性建筑物（图7）。牌坊跨道而立，高大巍峨，路人只能仰视它，从它的脚下穿行，这是以气势上的美感来渲染统治者的权威至高无上。牌坊特有的形式张力使其在后来的运用中范围更为扩展。

由此可见我国古人很早以前在一些功能性很强的建筑群，如庙宇、宫殿、陵墓中就对环境空间的统一性具有了很深的认识，并在这种环境空间——即功能与观赏性兼具的建筑个体和环境整体的布局上具有着一系列的整体规范。这里面蕴藏着很深的封建社会的精神残余，同时又蕴含着中国传统很深厚的审美精神和理想。这些庙宇、宫殿和陵墓的建筑群，显然不是现代意义上的公共空间，当时建造与设计的旨意也与我们今天对公共空间的认识不同，但是如何发掘其中的民族传统审美的定式及其生成精神，对于我们今天认识和设计现代都市意义上的公共环境和公共艺术，创造我们这个时代的民族的公共艺术作品将有重要意义。

图7　明十三陵石牌坊（北京昌平县），建于公元1540年。

第二节　公共艺术的内涵

每一个都市都是由一幢幢建筑物所构成的，建筑物与建筑物之间所形成的空隙构成了一个个空间环境，但这种空间由于是“公共”的而往往被人们所遗忘，人们几乎把夹在建筑物间的空间当作是设计的剩余部分，而这恰恰是我们提出的公共艺术的重要领域所在。中国画中讲究“计白当黑”，公共艺术则正是探讨如何来设计这一“白”的空间，使之与建筑物相辅相成，形成一个都市的统一体（当然，从宏观的意义上来讲，建筑物本身是最大的公共艺术作品，但在本书中我们的立意是探讨建筑界面内、外空间的公共艺术）。因此，公共艺术研究首先是对公共空间的研究，公共艺术的设计首先是对公共空间的设计。公共艺术要在建筑界面留下的“空白”中发生，要在此一“白”中布形、造物、置景，首先要对“白”、对公共空间的性质有着明晰的认识。

从现代都市的布局来看，正是这些巨大的“剩余空间”形成了都市的脉络。这样，公共空间就成了现代都市结构的一个重要部分。在现象学的理论观点中，都市空间被看成是许多具有意义的领域圈的集结，每一个领域圈是一个因血缘、地缘、商业、政治、社会、文化等关系组成的具有生命力的生活圈，它是公共群聚的区域。这种观点表达出公共空间同公共区域的形成不是现代都市变迁中偶然混杂而成，而是一方“公共”生活圈的产物，是有明晰的地域内在特点的区域集结；是市民生活内在规律性的显现。因此，这些公共空间都有其内在的、精神上与视觉上的社格指向。公共艺术则是要在这种公共的区域中形成体现这种处格指向的视觉焦点，或是具有认同感和归属感的约定因素的烧神性产品。虽然公共艺术品是经由术家之手完成，但它首先必须得到此一公共区域的精神认同。人对地域的认知、社会文化的表达、实质空间中的造型结构、材质与环境的互动、人文活动及心理情感因素，均应视为公共艺术创作的内在动力和涵义。公共艺术作为一种公众场合中文化艺术的传播媒介，体现着公共领域的精神属性，具有重要的意义。

由公共艺术与公共空间、公共空间与市民生活圈的关系的递进分析，我们可以看出，公共艺术与市民的生活、城市的历史形成和发展、区域的市政性质、环境的视觉结构都有着根本的联系。它实质上是都市精神生活的焦点，是市民性格的视觉显现，是一个城市、一个区域的时代精神的活化石和文化发展的里程碑。

在人类文化的发展史上，都市的建设始终是社会文明与进步的表征，都市环境的规划以及都市中公共艺术品的呈现正体现了这一地区经济与文化的发展。街道、广场、公园、停车场和其中的地标、门楼、喷泉、广场雕塑以及种种公共设施，诸如候车亭、电话亭、路灯、坐椅、垃圾箱、招牌等，无不有助于构成这一都市的人文风貌。一个都市文化的良窳，尽显在这点点滴滴之中。当你漫步在瑞士的任何一个城市，从每一户阳台或窗口中伸出的鲜花，都能使你感受到这个城市优秀的公民素质和环境中清新的空气（图 33）；当你站在巴黎塞纳河畔的任何一座街头，你都能感受到这个城市深厚的文化底蕴和公民优越的自我感；当你身临旧金山这座美丽的城市时，此起彼伏的路群在加利福尼亚的绚丽阳光下熠熠生辉，你会陶醉其中，感到生活竟是如此的灿烂；当你游览于巴塞罗那的高迪公园时，它那极早萌发的公共艺术的结晶体，会使你顿悟到公共艺术的真谛！（图 34）不同的国度、不同的人种、不同的文脉、不同的地域，都为公共艺术的创作提出了不同的课题。

第二章　公共艺术与社会

第一节　公共艺术现象

何为“公共艺术”？在设计类的高等学府中，这一概念今天仍面临着各个领域的追问。在这里，我们可列出我国民间公共艺术的种种现象，从公共艺术客观存在的角度来解析其中的涵义，或许对于理解这一概念是有益的。

在我国南方有着丰厚的环境艺术遗产，尤其是皖南、江浙一带的村落建设和苏杭的造园艺术，都在环境空间以及装饰手法的运用上取得了相当的成就，成为我们今天学习、研究的活素材。

地处皖南山区的徽州，由于对外交通不便，文化的封闭性极强，个性的延续也较明显，至今我们仍可以强烈地感受到村落发展过程中宗族这一强韧纽带所起的作用，也可以看到兴盛的文风、风水学说以及当地手工艺对村落建设产生的影响。徽州的民居特色我们不在此讨论，然而类似“水口”村头文化以及石牌坊群的建筑却不能不引起我们的关注。

水口是古徽州村落结构中一个重要的组成要素。水口一般建在村脚附近，距离村内屋舍数百米不等，一旦进入水口，即标志着进入了该村的地界。水口有标识、辟邪、隐蔽、供路人歇息躲雨、美化村落等功用。因此，但凡百年以上的村落都建有精心规划设计的水口，以树立村落的第一形象。徽州黟县南屏村的水口，是以上百棵巍然耸立的参天古木形成的“万松林”，仿佛将整个南屏村拥抱在自己的怀中。水口依山川的自然走势，建有亭台楼阁，并铺路设桥。万松林中绿荫遮日，青草铺地，设有石凳、石桌，是人们饭后茶余散步、小聚的公共场所。曾有小诗云：“亭拥万松小，临溪近傍村。偶来拾得句，久坐好开尊。覆地应常合，乔林鸟忽喧。悠然忘暑气，苍翠滴苔痕。”这是将地方功用性与环境设计融为一体的佳作。

地处歙县城南棠樾村的水口，由于地势比较平坦，为了营造其“关口”形象，用人工砌筑了七个高大的土墩，俗称七星墩。墩上植大树以障风蓄水，墩尽处跨水建桥并设有凉亭。这组独特的景致，构成了棠樾颇具魅力的村落标志（图 8）。

水口这种独特的，兼具标识、审美、实用于一体的设计形

图8　清代棠樾村全图。摹清·嘉庆《宣忠堂家谱》。

式，反映了我国古人在对环境的认识中，对公共场所的定义给予了充分的确认，并对公共场所中的设计建造以及这一场所所能带来和造成的影响给予了很高的重视和估量。水口是这一地区丰富传统文化的载体之一，其意义和价值远不只是建筑学和规划学方面的。

棠樾数百年来历经程朱理学的熏陶和徽商经济的刺激，封建文化鼎盛，经济实力雄厚。为宣扬封建礼教，为光宗耀祖、造福乡梓，族人热心于乡里建设，营建了众多的宗法建筑、公益建筑和纪念性建筑，牌坊作为一种标榜教化的纪念性建筑，是其中一项重要内容。在棠樾有一组自明朝中期至清代陆续建造而成的石牌坊群（图9）。石坊纵向跨甬道而立，由东北向

图9　按“忠”“孝”“节”“义”排列的七座牌坊群。

西南排列。在第三座坊后为了打破建筑上的单调，设“骢步亭”一座。坊下以长堤一线相连，堤旁遍植古梅，间以紫荆，加上祠前空阔的广场，形成了独具特色的村口景观。当初建造牌坊的意义是用以宣扬封建礼教、标榜功德，但当时将牌坊设计建造于村口的甬道之上，在这样一个开阔的公共空间中来彰显其所要表达的精神意义，不能不承认建造者们具有的公共环境意识。

我国自汉朝以来就开始有桥梁建筑。桥梁的构造首先是从实用的功能为出发点的，但又不乏具有一定的审美功能。隋朝建造的河北赵州安济桥，是一件建筑艺术作品。独创的敞肩式拱桥结构，使桥身形体优美，轻盈利索（图 10）。现存的清朝时修建的广西桂林漓江浮桥和四川雅州雅江桥都具有极强的地域性特色和形式美感，兼实用与审美于一体（图 11、图 12）。

上列的种种设计呈现在我们今天的社会中，由于岁月的流逝，它们的许多功能已逐渐退化，从而使得我们能够单纯地从民族遗产的角度来看待这些构造物，它们成了我们今天生活环境中的公共艺术现象，而对这一现象的研究，也是我们对于公共艺术研究的一个很重要的组成部分。

公共艺术现象并不是一种孤立的、单纯的现象，其中存在着主体与客体的关系问题。它与主体——人的观察、介入环境的角度有着密切的关系。客体是客观存在的，正如牌坊、

图10　河北赵县安济桥(清)。

图 11　广西桂林漓江浮桥（清）。

图 12　四川雅州雅江桥。清朝修建的雅江桥的实用功能已被新建的桥梁所取代，因此今天它成了名符其实的反映地区民俗文化的艺术景观。

桥梁都是实实在在的物体，就看主体从哪个角度来对它进行审度和限定。许多公共艺术品既有特定的实用功能，又在环境中承负着改善整体视觉关系的美化作用。也就是说，它往往不是单纯的艺术品的创作，而是环境设计中的造型问题。因此，公共艺术设计与环境艺术设计有着此分彼合，难分难切的胶合关系。关于这个问题，是我们强调主体介入设计时的一个基本角度和姿态。今天我们所讨论的公共艺术问题，重要的并不在于急于给客体下一个定义，而在于我们如何树立起一个公共艺术的观念来对待社会、生活和环境，也就是说我们并不谋求一个勉强的对客体的限定，而是期望获得一种主体对客体的文化姿态和精神追求。

图 13　街道旁修建的垃圾箱。

因此，我们在生活中应以什么样的姿态来看待、设计我们周遭的环境？这是应该向全体公民提出的一个重要课题。我国由于人口众多，长期以来着重于普及基础教育，对于更高层次的人文教育与公共环境意识方面的教育十分欠缺，公民的环境意识相对较差。近年来的精神文明建设以及自上而下的评选卫生城市的举措，在一定程度上使公共环境得到了某些改善，但与此同时也出现了一些值得引起重视的现象。例如，系有飘带的美女雕像几乎成了一些城镇在进行公共艺术规划时的统一标准，而不能从当地的文脉、民俗中去寻找创作的基因，落入了程式化的俗套。又如，在一些街道和风景点，由街道居委会组织的为公众利益而修建的垃圾箱、果壳箱等，原本是件由民众共同参与环境建设的好事，但由于在设计上缺乏统一的规划，缺乏对这一城市整体风貌构架的理解，反而对城市的公共景观造成了负面的影响（图 13）。还有一些拙劣的广告，一些随意张贴的海报，都造成了一定的视觉污染以及对建筑物的污损。

以上这些现象是我们在提倡改善公共环境、推广公共艺术创作的过程中应及时纠正并加以警惕的。

第二节　艺术作品与公众

环境艺术是一种可以感知和认知的形式，它不仅可以使生活于环境中的人去感受其品质的优劣，领悟其创造者的意图，同时也可以使生活于其中的人与之产生精神交流，将其纳入自己的日常生活。

公共艺术作为置于公共场所中的艺术作品，首先应具有与公众产生交流的性质，它不是完全独立的作品，否认与公众保持一定距离的观赏方式，而要求公众对作品的可及性、参与性，甚至触摸和攀缘其上，它应是一种生活艺术。在日常环境中，广场公园、街道、小区中心等公共场地是人流穿行、聚集最多的地区。也是公众与环境交流最密切的场所。在这里，我们仅以广场与公园作为例子来探讨公共艺术创作与公众的关系。

广场有各种类型，通常我们所指的广场是一种独立广场的形式，如城市的集会广场、纪念碑广场和交通广场等，它是城市的核心要素，也形成了城市审美的中心景观。另有一种广场称前庭广场，即一些建筑物的前庭，它既属建筑景观，又可作为市民活动的中心。近些年还出现了一种时兴的室内广场，以现代化购物中心的庞大中庭为中轴展开，以其内部空间布局的变化吸引顾客，使人乐在其中，被称为共享空间。置于广场（尤其是独立广场）中的公共艺术，由于空间尺度大，远近距离的伸缩性强，造成了观赏者将从不同的视域角度和距离来接纳作品，因此，作品的造型、尺度与塑造手段三者是创作中较难处理得当的几个方面。

罗马纳夫纳广场中心的方尖碑喷泉，是一个在尺度与塑造上把握准确的代表作（图 14）。方尖碑与基座的结合是一个非常成功的组构关系。方尖碑的巨高尺度造型，形成了都市中的指认系统和视觉焦点，使人在很远的地方就能够辨别其方向与地点。制作精致的基座，一方面把碑身提高，另一方面使尖细的碑体与地面在造型上有一个过渡和衔接，更重要的是，基座上逼真、细微的雕刻形成的喷水池，使得处于碑体近处的人产生一种接近它并与之进行交流的欲望，而不必仅仰头去观赏碑的尖顶。这种有机的结合，丰富了方尖碑在不同远近、尺度、空间中的视觉效果。

图 14　罗马纳夫纳广场方尖碑喷泉。

另一种广场中的公共艺术创作形式是平铺展开的，这其中包括了铺地、绿化以及公众用以小憩的公共设施。巴黎拉德芳斯新区的中心广场在这方面做了较好的尝试。当你步入大广场的中心地域时，你会被脚下有趣的铺地而吸引，情不自禁地止住脚步、低头与之对话。“一双大脚板，一付大手印……”，富有童趣的铺面引诱你伸出脚去试试，把手撑开比比……，作品与公众产生了交流，人与环境发生了关系，这无形中的有形，无声中的有声，使人在其中同时感受到了一种“场”与自我的

存在（图 35）。在这片铺地的旁边是一块供游人休憩的区域，设置了一组以 8 字形造型展开的石凳，为平铺的广场装点了几条流动的音符（图 36）。在广场正中通向凯旋门的中轴线上，有一块绿色的草坪，草坪中央是一个圆环，由两个高低错落的半圆环穿插构成，简洁的造型与微妙的起伏关系使草坪孕育着一种生命的律动（图 37）。从以上这三块广场小区域的设计中我们可以领悟到，设计者始终将环境与人的互动关系作为创作的基本动因，使处于环境中的人与之产生一种亲情，而驱除了周围林立的高楼对人产生的压抑感。

公园是都市人游乐休憩的重要场所，同时也是都市景观的一个重要组成部分。一个设计的好的公园能对都市风貌的形成起到相当的促进作用。我国的苏州和杭州，正是由于拥有了极具文化内蕴的园林特色公园，享有了“上有天堂，下有苏杭”的美誉。在公园这样一种环境中，如何确立公共艺术的形象，使其亲近公众，使人与环境共融，是创作的首要环节。西班牙巴塞罗那的威尔公园（Park Guell）是面向公众的杰出的代表。

威尔公园座落于巴塞罗那城北面的一座山坡上，原是作为威尔家族的私家花园而兴建的，1922 年由其子捐献给政府成

图 15　由石材构筑成的仿生态长廊。

为公立公园，是最具高迪风格的作品之一。一进入威尔公园，强烈的形式感顷刻将你包围：对称的入口台阶，五颜六色的碎彩瓷拼花墙面，石头构筑的山洞与长廊，仿佛将你带入天国。但是当你身临其中，在一阵新奇的惊叹之后，你很快又会感到一种放松和自然，因为它的一砖一石都令你熟悉（图 15）。

在山腰的平台小广场上，营造了一圈弯弯曲曲的貌似长龙的石凳，供游人休憩娱乐。据说“龙”曾经拯救过这个民族，因此龙成了他们的神灵。从威尔公园入口大门的龙到平台广场的龙座，是高迪创作中的一个主题（图38）。高迪的龙座融神秘、童话于一体，似龙体，似摇篮，使游人依附并忘情于其中。石凳上各色碎瓷拼贴形成的图案充满着稚拙与灵气，自由而活泼，色块的配置上艳而不俗，碎而成调。据说高迪当时只是定了一个基调，而具体的拼图都交由建筑工人操作，西班牙优秀的公民艺术素质在此也可见一斑。这可以说是一件真正由民众参与而共同完成的作品，因此当游人憩坐在石凳上时感到自然而贴近，仿佛每一幅图案都出自于自己手中，完全没有那种大师与公民的距离。大师与民众之间的交流表现的如此的充分和舒展，不能不说是公共艺术创作的一个典范。

图 16　梁思成先生构想中的城墙公园。

在威尔公园中还有许多与山势地形结合构筑成的长廊。长廊取材于当地的石料。在高迪的设计中，仿生态的造型将石材转化成了一种具有生命形态的肌体，一种废墟般的神秘与一种形因自然的常态，使作品具有强烈的吸引力与公众性，它是公众可以与之拥抱的公共艺术品（图 39）。

威尔公园中所流露出的童话精神的大众生活词语，高迪的写实主义及自然形态的精神内涵，使其艺术的公众性精神至今仍成为巴塞罗那公共艺术设计的灵魂。

我国建筑大师梁思成先生也曾构想过一幅美妙的大众公园的图画。他对保留北京旧城墙、城楼并加以利用，提出过如此设想："城墙上面，平均宽度约十米以上，可以砌花池，栽植丁香、蔷薇一类的灌木，或铺些草地，种植草花，再安放些圆椅。夏季黄昏，可供数十万人纳凉游息。秋高气爽的时节，登高远眺，俯视全城，西北苍苍的西山，东南无际的平原，居住于城市的人民可以这样接近大自然，胸襟壮阔。还有城楼角楼等可以辟为陈列室，阅览室，茶点铺。……古老的城墙址在等候着负起新的任务，它很方便地在城的四周，等候着为人民服务，休息他们的疲劳筋骨，培养他们的优美情绪，以民族文物及自然景色丰富他们的生活。"（《梁思成文集》第四卷，第 47 页）在这里，造园为民的思想是十分突出的（图 16）。可惜，梁先生的这幅美妙的图画没能实现，在北京向着现代大都市转型的时候，这些城墙被无情地拆除了。

从以上几个例子的分析中我们可以领悟到：公共艺术与公众之间的对话，艺术作品与人的互动关系是公共艺术创作的灵魂。无论是尺度问题还是形象问题，都应围绕着这一精神而展开。在儿童公园中我们应设置简单、易懂的道具，供儿童嬉耍；在自然风景区应设置健康、开放的雕塑作品，以陶冶游人的性情；购物中心区应设置现代感强、有前瞻性、高品质的艺术作品，予购买者以信任感；民间庙宇广场适合通俗、平易的造型形象，使信仰者的内心世界充满平和；市政大楼前应设置表征都市气质与形象的作品，以突显这一都市的精神风貌；在街道小区中的艺术品设置，应着重考虑作品的尺度，不要造成路人的不安，使作品与小区特定环境相协调等。总之，人的因素是公共艺术创作中不容忽视的关键。

第三章　公共艺术与环境

第一节　公共艺术与自然环境

中国人自古以来讲究“天人合一”“顺应自然”。古人为安居乐业刻意追求“秩秩斯干，幽幽南山”“傍水面山而安居”的意境，在这种“人归自然”的思想体系下，中国的山水画家接近自然，追求“借物写心，陶情怡性”，或是“外师造化，中得心源”，在咫尺之间，不求摹写逼真，而求与山水意境相融后所领悟的精神再现，正所谓“山水乃图自然之性，非剽窃其形。画不写万物之貌，乃传其内涵之神”(《黄宾虹论画录》，1993年)。这种手法也一直影响着造园艺术的发展。中国园林为“漫步”“悠闲”“陶冶”“静思”之地，从不表现宏伟，而追求亲切、宜人的意境。先人们营造传统环境的哲学思想，足以使我们领悟“人与自然和谐”的设计理念。

我国传统的环境设计包括庙宇、宫室、塔楼、园林等公共建筑的设计。在方位铺陈、空间配置、开与闭、虚与实的权衡上，均力求与天地自然契合。尤其传统造园更是“人天圆融”的杰作。

随着历史的发展，社会的变迁，今天的中国人在追求“现代环境”的创造中，这一设计理念却渐渐地被淡化。以开创“现代”为名，盲目效仿西方的样式，丢失自我，却不知四百多年来西方工业化所走过的一条先污染、后治理的“黑色道路”，使后来的人们去恢复和治理被破坏的生态环境，付出了高昂的代价。

历史往往犹如“魔鬼三角”一样，发展中国家明知将走入误区，却又身不由已。我国在从事环境规划的现代化进程中，也堕入了这种两难的境地。一方面在向现代工业城市转型的同时，造成了自然环境和人文环境的破坏与丧失；另一方面在保存民族传统遗产的同时，陷入狭隘的守成主义，而无法面对现代化进程中许多切切实实的国计民生的问题。

我们提倡在力求发展社会环境的基点上，以辩证唯物主义的大自然观来宏观地看待世界。大自然观的概念除了自然即天然外，还包括了作为自然界自身进化产物的人和由人组成的社会，即经过人化的自然和经过自然化的人。如果固守旧唯物主义的自然观中自然是与人类社会相区别、相对立的物质世界的观点，那么我们就会重蹈西方“黑色道路”的覆辙。人类关于自然概念的发展和自然观的演进推进了区别于传统自然概念的大自然观的形成。大自然观的理论核心在于：大自然内的一切物种都应当和平竞争，生态共荣。事实上，我们人类不仅属于这个生态世界，而且必须完全依赖整个生态体系才能获得生存与发展。我们清醒地看到，今天生活在大城市中的都市人，总是在节假日急切地驶向街心花园或市郊去旅游，吮吸新鲜的空气，放目绿色的世界，这一行为表明了人类回归自然的需求和冲动。人类的物质文明使他们向着大都市集聚，但在他们的深层意识中却蕴藏着对自然的眷恋，因为他们拥有着不可抹煞的自然属性——他们是地球的居民。

因此当我们今天在从事现代环境的设计与公共艺术的创作时，应以辩证唯物主义大自然观的理论为主导，提倡人为环境与自然环境的结合。作为置身于环境中的公共艺术创作，在介入大众生活空间的同时，应从自然生态的地形、地貌、地物诸方面探索创作的取向。近十年来，日本在其经济的支持下，大力开发环境景观，推广公共艺术创作。日本岐阜县的小坂森林公园即是一例，它是一个开放的公共游乐空间；融观赏与娱乐为一体，但又与自然环境密切揉和在一起。小坂森林公园座落于群山环抱之中，山坳中树木郁郁葱葱，小溪流水潺潺。在这样一个自身已具备大自然赋予的完美空间中来进行环境的再创造无疑是一个准题，但小坂森林公园却非常成功地走完了这一开发的过程。确定以木料为材质，是使其与实地环境相统一的基础，尔后依山势而行，构筑了一条供游人上山的长廊，长廊

图17　日本大坂森林公园。

根据坡地的落差设计了台阶和滑梯。长廊的设计体现了人与环境的互动因素，静止的长廊引导游人在“动”的过程中去感受和贴近自然（图 17）。在路线中根据地形地势还修建了一些休闲亭与小桥等公共设施，将人造工程隐没于自然山林的怀抱之中。在这里，人与自然相契合，人为的审美工程融于自然环境中的设计思想是显而易见的。我们看到的是植被表面和轮廓线被完整地保留，栗色的长廊盘绕着山野，展示了山林从春绿到秋韵的四季变化（图 40）。

在日本主要的大城市里，几乎每个公共地点，街道、广场、公园、小区，都非常注重公共艺术的实施，在作品与自然环境关系的处理上，具有良好的生态环境意识。

以“水”为母体来进行构筑与造型，也是景观设计中的一种主要手段。人类求取水源，在河边、湖边、海边形成部落，创造了古代文明。可见“水”是生态环境中不可缺少的因素。在缺乏绿色植被的都市环境中，借用“水”这一元素来进行公共空间的景观设计，是将人类与自然再次沟通的一个极好手段。

以“水”为生命之泉的观点是水景艺术创作的基点。由水构成的景观不仅是视觉上的，心灵上的感受也许更为广阔。水的多变性与灵动性使其在创作中能应变各种环境的需求。日本的景观设计师与艺术家在利用“水”进行景观设计与公共艺术品的创作上，涉及的面极为广泛，并颇有成果。在都市的街道旁，一条不经意的小溪能使人感受到平易、沉静的气息；一座与纪念碑结合的喷泉，能令人心旷神怡；一堵镜面般透彻的水帘幕墙，能驱除喧噪的人声；公园中的嬉水台阶能使孩童在嬉耍之中感受一种超越视觉的人生体验；高耸的大楼脚下，一组高低错落的自然高低差形成的瀑布，迸发着一股复活般的滋润与柔软感，能缓解大楼生硬、冰冷的体感；哪怕是街心的一汪池水，也能舒解都市人疲劳的身心。如果说亲近“水”能使人充分了解到“永远”的主题，那么我们何不妨借助于这一媒介呢？（图 41—图 46）

都市是一个人造环境，同时却也是自然环境的一部分，它被包围于自然之中，无法脱离出整体生态系统而独立。因此在都市环境的改善中，人类应按照自然美的规律再造自然，倘若背弃自然的原则，就会破坏自然环境的原生形态，这是艺术家与景观设计师应十分警惕的。

第二节　公共艺术与文化环境

人的视觉或经验常常选择性地对某个地区的人文社会这类动态的景观留下深刻的印象，一个地区的历史、文化、宗教、民俗等往往构成它的特质并产生其活力。人类从早期的安全需求到后来的文化心理与精神需求，促使城市的形成。城市提供了大量的信息以及各种活动，满足了人们对文化、知识、宗教、资讯以及经验的追求与渴望。尽管空气污浊、交通拥挤、生活空间狭小，但仍不失对向往城市生活的人们的吸引力。因此从城市的角度来探讨公共艺术与地域文化的关系是很有价值并有其现实意义的。

由于生成的背景及各自发展的历程不同，每个城市都有其特殊的性格。无论是政治、经济、宗教、民俗、历史、地理，都有可能成为人们记忆的符号和城市的特质。这种在城市历史发展过程中的各种社会因素的积淀所客观形成的文化，是人类在社会历史发展过程中创造的物质财富和精神财富的总和。它标志着这一城市物质文明与精神文明的发展程度。意大利罗马的城市雕塑，我国苏杭的造园艺术，澳大利亚贝壳造型的悉尼歌剧院，都作为精神与文化的产物使得所在城市具有不可企及的艺术魅力。由此可见，都市的文化艺术景观是确立城市形象的焦点。

一个城市的建筑与公共艺术在都市的文化景观中起着举足轻重的作用，由此，公共艺术的创作与文化环境的互动成为一个重要的课题。公共艺术的展现形态是千变万化的，它可以是一幅记录事件始末的壁画；可以是一座纪念丰碑式的雕塑；可以是一组兼具观赏与娱乐的喷泉；也可以是街道中各种装饰元素的设计，但它必须受制于特定的人文环境和空间特质，才能展现出它独特的艺术魅力和协助确立都市整体构架的功能。

二次大战后，美国国力鼎盛，具有发展公共建设的能力。1954 年，美国最高法院宣告：国家建设的层面应该兼顾实质与精神，要注重美学，创造更宏观的福利。这项前瞻性的宣言弘扬了公共艺术创作的精神。美国费城的公共艺术建设可上溯至 1872 年，当时费城被指定为建国百年博览会主办都市，一些热忱有志之士想通过建筑与艺术的结合规划出一座理想的人性城市，他们结社成立了费尔蒙公园艺术协会（Fairmount Park Art Association），在公共场所安置艺术品是该协会努力的目标之一。他们注重作品与都市文明的重构关系，强调作品对阐扬都市精神的贡献。如今当人们游览费城，沿着公园道走一圈，就能深切体会出设计师和艺术家当年的用心与成就。

在美国首府华盛顿首脑区的地景上，坐落着一件富有创意并为各界瞩目的公共艺术佳作——“越战纪念碑”（Vietnam Veteran’s Memorial）。它是为纪念美军在越战中的阵亡将士所建立的纪念碑，由耶鲁大学建筑系华裔女学生林樱设计。纪念碑以两堵 61 米的黑色花岗岩墙壁在尽端会合成 V 字型呈现，上面刻着所有在越战中阵亡将士的名字（图 18）。碑体坐落在略带斜坡的场地上，以水平的方向朝向华盛顿纪念碑伸展。沉郁的花岗岩上记载着 57692 人的名字，花岗岩映衬着观赏者的身影，缓慢的斜坡，水平的借景，创造了一种意犹未尽的意境，让观众在肃穆的情调中，诱发不同的理解和深思（图 47）。这件纪念碑性质的公共艺术，不是一个常规的纪念碑，而是构成一个发人深省的场所，作品超越了纪念性，公共艺术本身已融入了社会的脉动之中。这一作品的落成，为我们揭示了更深刻、更广泛的公共艺术设计理念。

20 世纪 70 年代末期，法国曾多次举办“艺术在都市中”的展览及研讨会，探讨有关广场、街道、公园、通道、入口、车站等场所中的公共艺术创作问题。艺术家在这里不仅仅是担当为广场和公园及街道做一件雕塑的角色，而且是参与城市未来构想的设计师，即把现代与自由和谐地统一于整体的新的大众生活空间的创造者。1977 年 1 月，巴黎蓬皮社文化中心正式落成开馆。这一将各种艺术形式如文献、美术、建筑、音乐、电影以及在我们的文化体系中尚未被肯定为一种艺术形式的工业设计等冶于一炉的想法，无疑是一个具有伟大原创性的意念。这种面对面的方式，使更多的世人了解，创作行为虽然有着任性的外貌，但当今各种艺术形式与社会生产关系之间，具有着一种根本的牵连。

在文化中心右侧的小广场上，是一组由法国艺术家尼基·德·法勒（Nikki De-Saint-Phale）设计的公共艺术品。具

图 18　华盛顿越战纪念碑。

图 19　蓬皮杜文化中心旁的喷水动力雕塑。

有法国式幽默的几组雕塑作品，被安置于一个长约 50 米的水池中，雕塑与旋转、升降的机械以及喷水装置结合一体，使作品具有多向度的展示形式（图 19）。动态的装置、丰富的色彩与波普化的造型构成了一个公共活动与休憩的中心。游人在参观了蓬皮杜文化中心之后来到这里，在休息的同时，仍沉浸于对巴黎文化的回味之中，仍不失对巴黎文化的崇敬心理。对于巴黎本地区的居民来说，这一场所也为他们提供了一个充满活力的文化与娱乐空间。

公共艺术作为视觉经验的对象，能强化场所特质，它所传达的社会文化意义或透露的讯息，能引发环境使用者的共鸣与联想，使艺术品、公众与环境三者之间形成良性的互动，激发环境的生气与活力。

随着我国城市精神文明建设步伐的加快，建设工作和公共艺术创作方兴未艾。在这样一个历史阶段中，我们尤其应在环境总体规划上把好关口。那种不顾环境效果、脱离历史文化背景、盲目设计、轻率效仿的倾向必须防止和纠正。如有的城市热衷于修造仿古建筑与门楼、牌坊等，投资大，效果却适得其反，原因在于没有历史文化根据而又脱离时代面貌的仿古造型，就像伪古董一样，是缺少真正审美价值的。一个城市的文化艺术面貌良窳的关键，不仅仅在公共艺术本身的题材、意蕴、构思和艺术表现水平，而更在于它能否与该城市的自然环境和文化环境相得益彰。对一些历史短暂、文化传统薄弱的新兴城市来说，首要任务是先建设和形成自己城市的特质。城市的现代文化形象是由城市的内容与其美的形式相统一而呈现的，它不仅依赖于城市的精神文明建设，而且还需要内在的文化积累，这就要求我们对现代城市的现实政治、经济、文化和地理环境特点，以及城市已有的风貌和格局有所认识，确定城市主题，如旅游城、轻纺城，抑或经贸中心、汽车城等，以形成该城市的特质。

第四章　公共艺术的开放特质

第一节　开放性的涵义

在本书的一开始我们已界定了公共艺术“发生”的场所，是一个开放型的、公开的、由公众参与和认同的公共性空间。

公共艺术的开放性包孕着两个层次的含义。其一是指公共艺术置于其间的场所。这些公共性的场所往往是人流不息、车辆往来、视域开阔的开放型空间。因此置于其中的公共艺术品必须具备形体和视觉上的开放性，多角度视域的观赏方式以及公众的介入等特征。其二是指对观赏者的接纳程度上的开放性。它必须面对、接纳多层次对象的需求。公共艺术不仅是为公共场所而作，且具有某些社会功能的性质。

开放性的场所空间分自然的开放空间和人为的开放空间。在都市中，自然性的开放空间较少，如果一个城市具有自然的开放空间，如河川、湖泊、山坡、丛林等，都是十分珍贵的资产，应极力维持保护，在不破坏自然资源的前提下进行开发，善加利用。在一般的都市中，人为的开放空间居多，如广场、公园、人行道、街面、车站等。尤其是广场和公园，是一个都市重要的、不可缺少的开放性场所，它提供了都市人室外活动及公共社交的空间、休憩与交流的区域。开放性空间具有着舒解都市高密度居住环境造成的压抑感的功能，以满足人类最基本的空间需求。

我们可从两个层面来思考开放性空间的设计，以求建立一个平稳和谐的高品质的环境空间。第一个层面是维护健康的环境品质，健康的环境品质必备的条件是需要“起码的空间”。第二个层面是创造有归属感的开放空间，使人人能获得欢愉，体会到环境的优美感、季节感、自然感及生命感。

第二节　公共空间的特定语言

公共艺术的创作，由于其开放性的特质，就具有了特定的语言要求，归纳之，即形式上的开放性、表现上的通俗性、设计上的综合性。

A. 形式上的开放性

公共艺术的形式上的开放性，受着天时、地利、人和三方面的制约。首先作品必须与时代同步，无论在整体设计或作品造型方面都应具有现代人认同的时代特征和时代精神。其二，在空间上，强调作品与周围环境的互动关系。公共艺术作品与单纯的架上作品不同，应有一种空间上的开放的形态与环境相融、相合，满足多视角、多层面的观视要求。其三，在作品与人的关系上，环境意识与公共性是确认作品的重要因素。从环境的认识角度和作品审美的公共性角度，都要求作品的形式必须是面向大众，充分开放的。

B. 表现上的通俗性

艺术创作包含对于传统的继承，也包含着个人的创意。一代代艺术创作中被人们认同与接受的形式，以及在长期传播过程中被转化为公众审美意趣的东西，形成了艺术作品的公共性。而那些个人创意中还未被广泛接受的部分以及艺术家试验形态的那些部分，虽然生动、新颖，虽然经常属于视觉语言的开拓，但在大众面前常常“曲高和寡”，难以进入大众的审美层次，更谈不上实现公共艺术审美的创作动机。公共空间中人流不息，面对不同社会层次、不同教育背景，甚至不同民族、不同宗教信仰、不同国度的人群，公共艺术作品的表现语言应当强调满足公共性要求的通俗化倾向。这里所指的通俗化，不是指一般的大众喜闻乐见的“老生常谈”的作品，更不是艺术上的“世俗化”，而是指把大众的审美心态作为一个基本的学术课题来对待，强调审美的公共性，强调作品与环境、与公众的和谐亲近的学术倾向。

在公共艺术创作中，既要反对一味迎合市民心态的、毫无创意的艺术作品，也要避免将艺术家工作室和美术馆的作品生搬硬套在公共空间之中。在这里，艺术家的创意和公共性的课题历来是把握和认识公共艺术品的表现尺度的一个关键。

C. 设计上的综合性

设计上的综合性指的是公共艺术品在设计上要综合考虑功能性、人文题材、环境观、公共性、环保观念、材料等要素。相对艺术家的美术展览作品来说，公共艺术作品受牵制的方面愈多，其综合性的特点也愈强。这种综合性特点决定了公共艺术品不仅受到艺术审美方面的制约，同时还涉及到材料科学、视觉心理学、建筑学、环境色彩学、光学、民俗学、宗教等社会科学和自然科学的综合学科。总之，公共艺术的创作往往是艺术家在一个特定环境中的创作，即在一个被“创造”出来的空间的基础上进行的二次创造，因此，与艺术家在工作室中单纯为美术展览和博物馆创作的作品不同，艺术家个人的风格应当展现在对于给定空间的综合性认识基础之上，个人的一贯创意只有满足于公共空间的综合性要求才有意义。

第五章　公共艺术的类型

公共艺术涉及的范围很广，对其分类的角度也多有不同。从艺术形式上，它包括雕塑、绘画、摄影、广告、影像、表演、音乐直至园艺等形式；从艺术功能上，可分为点缀性、纪念性、休闲性、实用性、游乐性直至庆典活动等公共艺术；从展示的形式上，可分为由平面到立体、由壁面到空间、由室内到室外直至地景等艺术形式；从材料所涉及的范围来看就更是广而又广了。在这里，我们仅选择人文角度来对公共艺术进行归纳，分为下面四种基本类型：

第一节　具实用性的公共艺术

具实用性的公共艺术是面向公众、融入社会与生活中的艺术，它将艺术创作与公共场所中的实用物品、器具等的使用要求相互结合，形成现代设计中的“视觉的、环境的、产品的”三位一体造型的公共设施。

公共设施是都市景观中相当重要的部分，它所发挥的效用，除了其本身的功能外，还具有装饰性与意象性。公共设施的创意与视觉意象，直接影响着整体空间的规划品质。这些设施虽然体量多半不大，却与公众的生活息息相关，与都市的景观密不可分，并忠实地反映了一个都市的经济以及文化水准。如果我们在完成功能性设计的同时，能从街区、地域、整体环境的角度来进行各种构成元素的设计探索，将有助于形成一个融都市特质、文化、品味以及便利性等综合元素为一体的环境。

公共设施是人们在都市中具体使用到的、具服务性和观赏性的设施。公共设施的功能是应公众在公共场所中进行活动的各种不同需求而产生的。因此，公共设施的设计，首先应从功能上进行考虑，这是物品存在的前提。要确定公共设施的功能，必须对各种公共场所中人的活动形态进行调查，来确定公共设施的选项。其次，则可从“物的关联”为出发点，将功能的形式向外扩张，对设计物的材料、结构与视觉特质进行整合，并与环境呼应，从而使设计概念的表达更趋完整。

公共设施从其功能的特性，大致可分为以下几种类别：

A. 便利性设施

便利性设施是为公众在公共场所中进行活动时提供各种方便而设置的。其项目有：路灯、座椅、烟灰缸、垃圾筒、邮筒、电话亭、贩卖亭、报亭、候车亭、公共厕所等。

这些设施可由艺术家和设计师的创意，结合地域的环境，制作一些别致的造型，以增添环境的情趣与变化。但同时应考虑物品与周边环境在材料、色彩、造型等方面的协调以及耐用性及安全性方面的问题，避免与环境造成格格不入的感觉（图48—图63）。

B. 标志性设施

标志性设施是为人们在公共场所活动时起到引导、指示以及方位确定等功能而设置的。其项目有：指示牌、路标、公交站牌、时钟、广告、招牌、展示橱窗等。

这些标志性设施的设计，可以使本来只是某种意义的符号，变成既可告知信息，又可成为视觉审美的对象，并以其色彩与造型来点缀环境，为环境增添生机（图64—图77）。

C. 安全性设施

安全性设施包括路栅、护柱、照明、人行道、安全岛、天桥、地下道等。

安全性设施的设计应多从实用功能的角度来考虑。其色彩的醒目性、材质的牢固性、结构的稳定性、使用者的方便性等

图20　儿童游乐装置。

均应考虑在内（图 78—图 85）。

在公共设施中，一个最能使艺术家与设计师施展才能、发挥想象力的便是儿童游乐设施，它可归属在便利性设施中。目前，在许多商场外部及一些大的购物中心内部，尤其是儿童用品商店的周边，都设有一处儿童游乐场所，目的在于吸引购买者前往，使他们在出门选择购物点时，选择一个也能满足孩子愿望的一举两得的方案。因此，儿童游乐设施的设计相对于街具设计来说更需要艺术家和设计师在造型上的创意，同时兼顾功能上及安全性诸方面因素。新奇的造型结构，明朗的色彩和能够自主变化的游乐方式是设计的基本点。儿童游乐设施除了游玩的功能外，还应包括教育和体验功能，使孩子在游玩时学习人与人相处的规则，培养儿童的公共意识以及创造能力。同时，父与子、母与女之间的亲情通过这种形式也得到了交流（图 20，图 86—图 91）。

公共设施造型上艺术家或设计师的主观表达固然重要，但使设计物在发挥其功能的同时如何有效地诱导、呼应环境特性，是更深层次的文化表达。它的材料、结构与造型对于环境所造成的视觉涵意是不容忽视的。若能借用物品设施的使用、提示和联想，协助人们识别地域属性，体验空间情趣，则使公共设施的设计向前迈进了一步。

第二节　装点性的公共艺术

装点性的公共艺术是配合既成的环境而进行的艺术创作。它是公共艺术的主要表现形式。作品自身的价值虽为主要因素，但却脱离不了环境对它的制约和要求。装点性的公共艺术在都市的构架中，扮演着树立都市形象、提升文化层面的角色。

装点性公共艺术的创作，应反映、诠释或强化环境的特性，建立一个生动活泼的区域，而不是纯粹的装饰和几个孤零零的艺术品的存在。从周遭的形式中取材，或是与都市形成对比的自然元素的导入，甚至纯粹的构成造型，都可点缀都市的景观，而幽默元素的引入也能冲淡都市人们紧绷的情绪。艺术家在都市环境中的创作，应结合给定的场地来发展适当的主题，其选题主要有：

A. 发人省思、引起共鸣的开放性主题

任何有生命力的公共艺术作品，都有其一定的场所意义和不变的空间因素。无论是广场、街道或是公园的环境，都是被划分成不同的空间而存在的，每一个空间都具有属于自己的本质、体量、尺度、表现特质。这些特质制约和影响着置于其间的公共艺术作品。因此在创作中，作品与环境的关系、作品占有的尺度以及所表现的空间意象，都是创作构想的基本要点。

图 91—图 97 均是美国都市中的公共艺术作品。这些作品以其巨大的尺度吸引着公众的视线。在造型上，有的是结合着周围建筑的造型语言而生发灵感；有的是纯粹的构成对空间主题的深化；有的是艺术家对材料与构造关系的奇思妙想；也有将幽默的元素引入市区，使繁忙的都市人在步履匆匆的途中发出会心的一笑；还有的是名噪于世的艺术大师的作品，以此为环境提高声誉。

在都市之外，我们还可以看到极具开放性的公共艺术佳作。

每当人们驾驶着汽车行进在法国 A·6 号高速公路上时，总能在数里之外看见高耸在路旁的法国艺术家伯纳·韦犬（Bernar Vevet）的雕塑作品——巨型的《185.4 度大拱门》（图 21）。此拱门直径 75 米，倾斜于地平线，缺口朝向苍穹展开，约在 11 公里之外即可进入人的视线。雕塑以纯钢制成，并漆上与陶土相同的颜色。拱状雕塑的环形双臂分别向天空伸展至 15 米和 53 米的高度，整条高速公路即从此雕塑双臂内穿过。雕塑的位置与尺度是艺术家在考量其周边的环境后所选定的。作品意在标志法国与勃艮第之间的地界。

艺术家将观赏者（即驾、乘车行经该处者）的知觉作用纳入作品的构思之中，人们只需在正常行驶的状态下，即可主动地参与到作品之中，甚至在汽车经过此拱门的一刹那间，汽车与人均成为了作品的一部分。巨型拱门在枯燥和冗长的高速公

图 21 《185.4 度大拱门》。

路上犹如一块吸铁石，迅速地将人的视线引诱了过去，当人们穿过它时，完全是一种真实的感受。艺术家将作品与公众放在了一个开放的、公平的对话之中。

B. 表现人文创意、高科技、高工艺的构件展示

公共艺术与它所存在的时代，一向有着不可分离的互动关系。不论是时代影响艺术风格还是艺术的前卫精神带动时代的风潮，都可以说艺术反映了时代，时代产生了艺术。一个时代不单纯是时间的分段，其中涵盖着人文精神、社会形态、科学技术、地理环境、自然生态等诸方面的因素，这里仅是从一个侧面来分析公共艺术与时代脉搏的共震关系。

在巴黎新城区拉德芳斯西端与凯旋门遥遥相对的一个面积约 60 平方米的水池中，矗立着 49 盏闪烁的《号志灯》，这是定居巴黎的希腊艺术家塔基斯（Takis）于 1988 年完成的作品（图 98）。

每盏灯柱高约 3.5 米到 9.5 米不等，每支柔韧的黑色钢条顶端设置了一个双向的放光体，外围配制了不规则形状的铝片。号志灯的灯号受指令的控制，为间续性或随机性的闪动，呈现着作品对往返于凯旋门路上的忙碌的车流灯光的反响——即对于环境的观照。

这件作品是对电磁学的赞颂，是一首工业诗歌，它们跳跃的电信语言与来往穿梭于历史古都的车流灯火静静地交流着。作品象征了一种看不见的、但人类却要赖以为生的宇宙能量——电磁能，作者将金属的力量化成为一种对社会省思的能力。

在拉德芳斯，另一件体现着高科技、高工艺的公共艺术作品是日本艺术家宫胁爱子的《移》（图 22）。作品置于新凯旋门右侧的徒步行人道区。它由 25 根圆柱，以 6 组不等的形式排列而成。圆柱高 4 米，材质为钢心外镀锌层并加透明玻璃层，在外观上光滑、明亮，予人以新颖感、现代感。圆柱顶端有多条经高电压处理过的钢缆，以焊接的方式嵌铸于柱身，不规则地伸展于周遭的环境中。钢缆的材质和柱顶直接伸展衍生的工艺设计，是艺术家个人实验的成果，同时也为个人风格奠定了基础。

以不同的角度、方向、形状自由展现在辽阔空间中的这些钢质缆线，彼此呼应、遥望或相互抗衡着，一种强劲的张力感呈现于空间之中。当人们站在柱群的另一边，回望新凯旋门，便会感到钢缆线那熠熠闪光的流弧。这些此起彼落的弧线，在凯旋门巨大体量的映衬下，仿佛现代材料之诗的生动独白，它是这一创作倾向中的一个佳构。

图 22　日本艺术家宫胁爱子的《移》。

C. 结合艺术创作的景观展示园地

挪威奥斯陆维格兰雕塑公园是世界著名的融艺术创作与景观展示为一体的代表作品。雕塑家古斯塔夫 • 维格兰（Gustav Vigeland）从人类大家族的主题为出发点，表现了人从幼年、青年到成婚、老年几个阶段传递亲情、爱心、天伦之乐的形态，使人们从这里领受到人间的温暖。作者用极其写实的表现手法，丰满、稳重的雕塑造型以及阶梯式排列的场景设置，构成了一座宏伟的、极具艺术魅力的景观园。作者在园区的中央，竖立了一根约五层楼高的石雕，类似欧洲广场中常见的纪念碑，石碑上雕满了各种动态不同的人体，它不是为帝王将相歌功颂德，而是在为他自己的艺术理念和人类伟大的情操留下永恒的见证，同时也为挪威首都奥斯陆赢得了盛名（图 99）。

我们再看看巴塞罗那的北站公园，那是由美国雕塑家贝弗利 • 佩珀（Beverly Pepper）和建筑师安德列 • 阿里奥拉（Andreu Arriola）及卡尔姆 • 菲奥（Carme Fiol）联手完成的一件大尺度的地景艺术。

在开发北站公园的过程中，艺术家利用不良的地基条件，在不易种植的位置，砌筑了一条隐喻长龙的巨型雕塑。作者用“龙”的主题表现了巴塞罗那市民对龙的深恋，并继承了高迪亲近民众的表现形式以及用彩瓷塑龙的传统，用现代抽象的手法及大块瓷砖的贴面，塑造了这件尺度庞大的、伏卧于草地之中的巨龙，可坐、可爬、可跨（图 100A、B）。

同时，建筑师在公园的南面造起了人工的土丘，使开阔的地形变得起伏有序，富于生气。公园以卧龙为中心，其他设施均向卧龙聚集，旁边的小树林也以螺旋式的同心圆围成了圆形的剧场。同心圆的阶梯采用了和巨龙同色调的瓷砖，暗示了巨龙回盘的尾翼。北站公园将公共艺术的公众性和艺术性融于一体，发挥致极。

北站公园的建造还是艺术家与建筑师密切合作的范例，整体表现一气呵成（图 23）。都市的开放空间可以说是建筑空间的延续，在空间环境中，最理想的公共艺术应该是由艺术家和建筑师共同合作完成的。前者长于作品的创作表现，后者长于对建筑、环境要素的把握，从而能更好地架构一个具整合性的、能突出作品特色的环境。

第三节　依附人文背景而存在的公共艺术

根据当地的人文背景、生活习俗和历史特性等来塑造公共艺术作品，以反射、和谐的方式对应环境，与环境相辅相成，是这类公共艺术的特点。

在依附人文背景而存在的公共艺术中，景观纪念性创作是这类作品的主要部分。尺度巨大的这类作品往往是以建筑的形式出现的。

人类自古以来就有为建立丰功伟绩者树碑立传的传统。有的是在其生前建造宏伟的建筑宫群，如秦始皇建造的阿房宫，慈禧太后的圆明园等，以显示统治者的权势。这一类构造物还有华表、牌坊、舍利塔以及陵寝建筑等。有的是后人为追思某一位时代伟人或一个历史事件而建造的纪念馆或纪念碑，

图 23　《北站公园》全景草图。

如南京的中山陵，以及在欧洲许多城市中出现的凯旋门和方尖碑。在近代又有以名人名作形式出现的纪念性景观，如巴塞罗那的萨格拉达·法米利亚大教堂（Temple De La Sagrada Familia）、闻名遐迩的埃菲尔铁塔（Eiffel Tower）等（图 101—图 102）。这些纪念性的建筑，最有效、最直接地传达着一个都市、一个地域或一个国度的人文景观，是我们应尊重和保护的文化产物。在这里，我们暂不介入建筑的范畴，仅从艺术创作的角度来探讨纪念性公共艺术的发展。

一个纪念性建造物的产生，一定有一个建造的背景，也就是我们所说的“依附的人文背景”。它与这一地区的历史、文化、入群或事件有着密切的关系，而且它坐落的位置、与周围环境所构成的景观值都是不容忽视的。在纪念性公共艺术的创作中，有两个方面的因素应予以考虑：

A. 原创性——造型上独具特性的视觉形象。

图 24　美国自由女神像。

B. 象征意义——具有象征性的内涵。

C. 地标性——地域标识性的呈现。

在纪念性公共艺术中最为众所周知的要算美国纽约的自由女神像。它是法国人为了纪念纽约是当年欧洲人逃离帝王专制统治而奔向新大陆的主要港口，在 1884 年建造并作为国庆礼物赠送给美国的（图 24）。今天它不仅成为纽约市观光的胜地，同时也是美国历史发展的地标，甚至已成为纽约市的代名词了。

在巴塞罗那 （Lluchimajor）广场的环形道口中心，有一座方尖碑和一座青铜女裸像组成的纪念碑式的雕塑，两位建筑师和一位雕塑家共同完成了这件作品。它不仅是环形道口的标识，而且其意义正如标题《共和国》，是为纪念 1931 年成立的 Segunda 共和国所作（图 103）。

除了这些以写实手法表现的塑像纪念碑外，也有用抽象形式构造的纪念性公共艺术巨作。在美国中西部的圣路易市（St. Louis City），为了纪念该市是美国早年开发、通往西部的大门，在 20 世纪 60 年代都市重建时，由建筑大师埃罗 • 萨里宁（Eero Saarinen）在圣路易市的密西西比河畔，设计建造了美国最高的景观纪念碑——《圣路易西部大拱门》（图 25）。萨里宁把都市的人文精神融入作品之中，同时又传递出都市崭

图25 《圣路易西部大拱门》。

新的意象，并能让观赏者由内部乘电梯直达拱门的顶端，鸟瞰整个都市。作品体量巨大，仿佛跨越城市上空的一道彩虹，是一件杰出的具现代感的地标式纪念碑。《西波宁格山上的雕塑》（*Skulptur auf dem Sipplinger Berg*）也是一件非常杰出的地标式作品，由德国雕塑家马丁·马欣斯基（Martin Matschinsky）和布丽日特·德宁雀夫（Brigitte Denninghoff）创作。在一望无际的天空下，在辽阔无垠的草地上，矗立起如此单纯的流线作品，令人心旷神怡（图 104）。

能同时激发人的视觉和记忆的景观意象最能震憾人心，并留下难以忘怀的纪念。坐落在美国夏威夷福特岛珍珠港的“美国阿里桑那纪念馆”（Arizona Memorial）是为纪念 1941 年 12 月 7 日日本偷袭珍珠港时沉没的阿里桑那号战舰和 2000 多名阵亡官兵而建造的。由设计师约翰逊·珀金·普赖斯（Johnson Perkin And Preis）和艾尔弗雷德·皮瑞斯（Alfred Preis F. A. I. A）在 1962 年完成。设计师在原沉没的战舰上建造起一个部分封闭的桥状馆体，作品意在利用残留的战舰本身来唤起人们的怀念之情和历史的深刻教训。简单的造型结构从岸上的较高处可一目了然——一个以蓝色珍珠港为衬

图 26　珍珠港《美国阿里桑那纪念馆》。

托背景的白色标志。乘船靠近时，这种结构又像是飘浮在国旗下昼夜航行的战船（图 26）。

展示人文背景的纪念性公共艺术作品，大多是由艺术家操作设计的，但是今天，艺术与功能的结合，艺术家与设计师、建筑师的共同协作是公共艺术创作的一个新趋势。如巴黎拉德芳斯的新凯旋门、市区的埃菲尔铁塔、圣路易市的大拱门以及我国上海市具地标性的纪念塔“东方明珠”，均将文化背景、纪念性、象征性、地标性与建筑功能结合于一体，使作品的公共性得到了更为充分的表现。

第四节　依附自然景观而存在的公共艺术

依自然景观进行营造在我国古代就有许多先例。在我国唐代，从昭陵开始，大多以山峰作为陵寝，皇陵依山而筑。在山势与建筑的紧密配合上，乾陵是最为杰出的一例。

乾陵位于陕西乾县城北六公里处的梁山上。梁山有三峰，以北峰最高，南面的东西二峰较低，三峰成犄角之势，陵墓的

图 27　依山而筑的乾陵。

地宫设于北峰下。进入乾陵的神道，可从正面眺望陵区的全景：远处南二峰上的两阙，在北峰深色背景的衬托下，显出空间的层次，同时北峰又在前者的对比下，更显得高耸。南峰上的东西两阙，是乾陵的第二道门，与其前的华表、翼马、朱雀、石人、石马等石雕艺术品，共同组成了陵前的公共环境，与地宫上的天然山峰——北峰，形成了强烈的空间对比。高耸的山峰和严谨对称的建筑及雕塑，给人以威严、庄重的压抑感，体现了唐代皇家对皇考先妣的至尊至崇的、神灵般的顶礼膜拜。依山而筑的乾陵不愧为自然和人工巧妙结合的典范，它使帝王的象征性得到了最充分的表现，成了历史为我们留下的艺术欣赏景观（图 27）。

当然，在即将跨入 21 世纪的今天，我们所谈论的依自然景观来进行的创作，具有着更为宏观的角度。今天，全世界已普遍地关怀着自然的一切，由生态危机引起的种种现象渐渐成为了人们关注的焦点。艺术创作一方面反映着社会的现实，一方面也时常向社会提出质疑，并积极地寻找着答案。近十年来涌现出一批艺术家，他们的作品陈述着人类与自然之间的关系。他们利用自然的条件或自然的材料进行创作，这些创作往往被人们冠以“大地艺术”（Earth Art）、“地景艺术”（Land Art）、“环境艺术”（Environmental Art）。他们集中公众的意识于艺术之中，追求与自然共同合作的新理念，同时用自己的作品去引导人们认识人类与自然与地球的关系问题。

地景艺术，即是直接利用自然景观的体量、风光等造景因素进行创作的艺术。在这一领域中最为我们熟悉的是保加利亚籍艺术家克里斯多（Christo）及其创作的一系列巨大的捆扎艺

图 28　克里斯多的《飞篱》。

术。1969 年创作的《捆包海岸》、1971 年至 1972 年的《山谷垂帘》、1976 年的《飞篱》是他的代表作。

《捆包海岸》，是在澳洲雪梨的小海湾用聚乙烯布和绳索在高 80 公尺的峭壁上连续捆包长达一公里，被称为“自然雕塑”。劲风使海湾砂石飞扬，并使聚乙烯布膨胀而产生涟漪，这种动感使人产生了一种对原始生活的联想（图 105）。《山谷垂帘》则是将重达 8000 磅、高彩度的橙色尼龙布，垂挂于相距 1250 米的莱福山谷（Rifle Cap）的两个斜坡间（图 106）。《飞篱》展现在北加州，长达 24 公里，高 18 米，由白色尼龙布挂在钢柱上构成。尼龙布波浪状地穿过平原、山丘、峡谷，不在空中人们是难以望尽整个作品的。当我们靠近时，若临峭壁；从远处或空中看，抽象成一条线，若似万里长城。置于地景中的《飞篱》，随着一天中时间的推移，风和光的变动，尼龙布的色彩不断发生变幻。尼龙布时而被拉紧又时而松

图29　森菲斯特的《大地之池》。

弛，有时像蝙蝠展翼，有时又显得怠惰、软弱，作品像被赋予了生命一般（图 28）。

1991 年 10 月 9 日，克里斯多又创造了一项在其发展阶段中达至顶点的工程——在日本茨城和美国加利福尼亚的莱贝克（Lebec），同时将 3100 把巨伞撑开，标题为 The Llmbrellas（图 107A、B）。克里斯多是一位最具雄心、最具公众性的艺术家，同时也是对人类最具有信心的艺术家，这信心使得他可以从山顶至山丘，从山间达峡谷，从牧场到大海为人类展示他的作品。

美国艺术家艾伦·森菲斯特（Alan Sonfist）从一开始就从事与自然有关的创作。他充分利用各项自然因素，从自然中取材，又回到自然中实现构想。1970 年的地球日，森菲斯特在公园里将塑料花与真的花种植在一起，来测试观众的鉴别力。1972 年，他作了一件大型的地景艺术——《大地纪念碑》（*Earth Monument*），将一个地区的历史，在岩石中写出。作品展示了长 30 米的地球核心物——在这块土地下的土壤，它的颜色和它的质感。1975 年，在请教了地质学家和生态学家后，森菲斯特草拟了一项计划案，将废物垃圾场改变成为当地生长的树和草的天然森林。他用岩石将未开垦的土地围圈起来，经由风和动物的作用使种子在这里形成了一座森林，这便是他的《大地之池》（图 29）。

这些欧美艺术家在其地景艺术中突出表现了自己的艺术理想和生活哲学，个人的创意也彰显其中，而东方人对于自然景观的开发和改造却别具一种情怀。台湾省宜兰地区的冬山河工程即是一例。

冬山河是一条经人工开发过的河川，河道平直宽阔，两岸

图 30　涉水池的水面浮出一弯圆弧圈住了一片大白石，像一群白鹅在池中遨游。

有田野风光，岸边的空间、水面、河堤、山林、植被以及生物都是自然景观的展示体。以这样一些自然元素为基础，将设计引入整体自然景观的体系之中，并从中发掘其地方独特性，是冬山河环境艺术工程的一个主要课题。冬山河开发规划中的节点很多，我们仅选择其中的亲水公园一例来进行剖析。

冬山河景观中的亲水公园，是一个依当地的水道环境进行开发构思的独创性水上公园，是一个寓自然教育于游戏之中的公共活动场所，活动区内不仅所有的区域均有水，而且创造了一种人与水、人与空间的新的结构关系。

亲水公园的设计实质上是一个创造冬山河特色的工程。设计者在做了大量的实地考察后发现，在冬山河一带人们用得最多最好的传统建筑材料是河床中的鹅卵石。从田间的小路坡坎到农宅的墙壁比比皆是。因此在冬山河的景观设计中，设计者确定了以鹅卵石为主要材料，既方便取材，又与当地的风土民情相符合。同时，选用当地庙宇建筑中所用的彩色陶片相间于鹅卵石中，从而构成了冬山河景观的一个特征与标志。

亲水公园中的双龙区是每年一度的端午龙舟赛和西式划舟比赛的区域，两岸的沿岸护堤就成了比赛时的观战区，需给观众提供观战的基本设施。如果按常规在冬山河两岸建造平直的看台，那么，在没有赛事的情况下就会极大地破坏冬山河的景观。因此设计者将护岸筑成波浪般起伏有序的短墙，作为挡土墙兼看台座位，墙面分别镶嵌青蓝色和橙黄色的陶片，远看像是伏在水岸的两条长龙。故又分别称为青龙坡和黄龙坡。这一设计不仅在不破坏冬山河景观的前提下解决了功能上的需求，而且为冬山河的整体景观增添了一个富有特色的景点。双龙区的构思与设计既是一个大地艺术工程，也是一项景观构造工程，在这里，艺术趣味与实用功能的结合，空间品质与环境意识的相融，均是极为成功的范例（图 108）。亲水公园中的其他几个节点，如涉水池、亲水游戏区等也均是将艺术创作融于自然景观之中的尝试（图 30）。

冬山河景观工程的成功即在于：在地区整体的自然景观条件卜来延续并开发实地特质，利用当地的自然材料来谐调景观要素之间的相互关系，从而达到统一与和谐的整体效果。

总之，在自然景观的基础上来进行公共艺术创作，应突出作品与环境的依存、融合关系。通过实地的观测和考察，以自然元素的联想、材质的默契、造型的呼应、比例尺度与节奏的把握为基点，使作品浑然于自然的氛围之中。这种创作不只是期待着视觉官能的感受，还包括了彼此共存的环境概念及世界观的表露。艺术家借艺术创作的过程重新引导人们去认识环境，体验大自然的美。

结　语

运用系统理论的基本观点去探讨公共艺术创作，美化都市空间，使艺术融入社会生活，介入生态环境意识诸方面的理念，近几十年来已在不同的层次上和范围内付诸了实践。诸多艺术家在所创造的空间里展示出了自己的才干，人们已经把艺术家视为构想城市未来及人类环境的哲学家、思想家。从满足人类需求的观点来看，人类强调人性与回归自然的开放性空间，是充满清新悦目的自然景观和具有着区域特色及历史意义的人文景观，也即是人类需要一个能享受自然及人文风貌的生活空间。这就使得公共艺术具有着多元性的结构，同时又是一个整合性的艺术创造，因此除艺术家的工作外，还需要建筑师、史学家、生态学家、环保学家等的合作，来共同寻求现代人精神生活的空间，达成现代人文环境的共识。

我们必须着眼于21世纪来思考问题，沟通社会、环境与艺术之间的错综关系，寻找最贴切的中国环境艺术的创作理念和生活空间中公共艺术的创作走向，把艺术与都市、人文与自然、传统与现代、建筑特质与区域共性和谐地统一起来，让未来的艺术在人类的生活中闪光，让未来的世界因为它的艺术创造而倍显辉煌。

图　例

图 31　充满了谜一样的斯顿亨吉古遗迹，深深地吸引着人们。它那至今保持着的“n”字型正是蒙德里安等人倡导的 20 世纪美术的特征，不得不令人惊叹它是一座永恒的古迹。

图 32　今天的巴塞罗那城廓图。

图 33　从每一户阳台或窗口伸出的鲜花，都能使你感受到这座城市优秀的公民素质。

图 34　高迪作品中的公众性精神，至今仍成为巴塞罗那公共艺术的灵魂。

图 35　富于童趣的地砖铺面。

图 36　“8”字形造型展开的石凳，为平铺的广场装点了几条流动的音符。

图 37　由高低错落的两个半圆环装饰成的草坪。

图 38　高迪的龙座融神秘、童话于一体。

图 39　高迪以自然的手法，将石材转化成了具有生命态的肌体。

图 40　在小坂森林公园的设计中，人为的审美工程融于自然环境中的设计思想是显而易见的。

图 41　都市的街道旁，一条不经意的小溪，能使人感受到平易、沉静的气息

图 42　一座与纪念碑结合的喷泉，令人心旷神怡。

图43　大尺度的水帘幕墙长廊，驱除着喧噪的人声。

图 44A、B　一座造型似花瓣的喷泉：夏季时喷水，水流溢出，沿街而下，薄薄地遍布路面，使儿童得以安全地嬉水；冬天喷泉水枯之时，阶梯又可当作长椅用于休憩。

图45 大楼脚下，一组高低错落的由自然落差形成的瀑布，迸发着复活般的滋润感与柔软感，能舒缓大楼生硬、冷冷的外观。

图46 街心的一汪池水，也能舒解都市人疲劳的身心。

图 47　花岗岩映衬着观赏者的身影，让人们在肃穆的情调中，产生不同的理解和深思。

图 48　这盏路灯在平面图上是对称环形排列的一圈正圆形平板，在三度空间中这些圆形板略为倾斜，相互之间盘旋而上。照明灯朝上，利用这些圆形板作反射装置，使光线变得极为柔和。

图 49　西班牙巴塞罗那街头的一盏路灯。

图 50　荷兰阿姆斯特丹市中心街边的一盏路灯。

图 51　巴塞罗那街头于 1991 年设计的路灯灯柱装饰细部，维系了 19 世纪写实自然的风格。

图 52　日本埼玉县川越市东口火车站站前广场上的路灯座椅。

图 53　材料对周围环境的映照以及有机形体的造型，是作品与环境沟通的内在因素。

图54　洛杉矶的珀欣广场（Pershing Square）公园中，混凝土制的椅背上镶嵌着上釉的风景明信片——一些年代久远的有纪念意义的洛杉矶名胜。

图55　木质的凳面给人一份亲切感。

图 56　灯柱、座椅与垃圾箱是经整体设计的系列产品。

图 57　在商业环境中容易产生少量的游移性垃圾，对垃圾箱的要求是容量小、数量多。

图 58　充满情趣的街头用水池。

图 59　在人行道上绿树夹缝中的电话亭，既和蔼又明朗。

图 60、61　巴塞罗那 1992 年奥运会场旁的路边电话亭，新颖简洁。

图 62　候车亭左边透明的玻璃隔断，方便乘客看清来往车辆。

图 63　简便的车架能维持自行车停放的秩序。

图 64　德国汉堡火车站内非常形象的旅客指示牌。

图 65　美国环球影城内的标志牌。虽然两块版面的色彩呈弱对比，但由于文字、图形、箭头的大小均编排有序，不仅没有不协调的感觉，反而加强了视觉环境中的色彩装饰功能。

图 66　干净利落的指示牌。

图 67　浮雕形式的壁饰同时兼有路标的功能。

图 68　透明的版面与木柱结合成的指示牌与周围的环境十分融洽。

图69　一条与历史同行的散步道。地面的石碑成了新的视点，使人们在散步的行进过程中了解中日贸易的历史。

图 70　巴塞罗那的卡达兰国家广场，时钟、大铺面、空旷的大空间形成了一个面对四方来潮的公共广场。

图 71　既是标识性的构造物又兼具实用的功能。

图 73　在巴黎四处可见这类拜占庭式圆顶的广告柱。

图 72　巴黎奥赛宫前的广告牌如同一件艺术品。

图 74　大方、精致的指示牌。

图 75　大方、精致的指示牌。

图 76　具有后现代风格的招牌

图 77　巴黎香榭丽舍大街上一家汽车商行里，用汽车零件组合成的橱窗装饰

图 78　蓬皮杜广场旁的路边小饮，用铁条弯制成的栅栏作隔断，既具有装饰功能又起到安全防护的作用。

图 79　公路边别具一格的栅栏。

图 80 灯柱与护柱互为一体。

图 81 巴黎拉德芳斯广场旁的三根大烟囱，用瓷砖包裹装饰后犹如一组雕塑作品。

图 82　夜间照明是必备的安全性设施。

图 83　灯束装点着夜间的路面，宁静中透出祥和。

图 84　洛杉矶市中心位于安全岛上的景观雕塑《上城区摇椅》。

图 85　安全岛上随意地排列上一些大石头，增添了几分自然和轻松的气氛。

图 86　日本宫城县川崎湖畔公园中的儿童游乐园。

图 87　整体设计中孕育着多种形式的游戏。

图 88　在空中散步。

图 89　快乐的音乐响起，喷泉也开始戏耍。

图 90　“雾的广场”——孩子们在太阳能的喷雾中玩耍。

图 91　巴塞罗那一住宅小区的街心儿童游乐场。

图 92　从建筑造型的构架中发生灵感。

图 93　纯粹的构成将空间不断地延伸。

图 94　艺术家对材料与构思关系的奇思妙想。

图 95　阿肯西（Vtto Acconci）的《大地的面庞》像一个孩子的游戏创作，最能让人享受到进入其间和在其间游玩的乐趣。

图 96　《公司之头》寓意着一心上进的经理的脑袋已被公司吞没。1933 年，这尊塑像曾被列为洛杉矶最热门的公共艺术品之一。

图 97　亚历山大 ·考尔德（Alexander Calder）的作品几乎在世界各大都市都能看到，这是位于洛杉矶太平洋广场银行大楼前的《四个拱》。如此巨大的红蜘蛛担当起把门守卫的角色；它庞大的尺寸、颜色、造型及方位吸引着来往人们的目光。

图 98　49 盏闪烁的号志灯犹如现代艺术的小前哨，排排站立于巴黎拉德芳斯区西端的水面上，与新凯旋门遥遥相对。

图 99A　维格兰塑造了 121 个人体在石碑上，周围 36 个巨大的花岗岩人体环绕着它。在挪威的节庆日里，人们潮涌般地来到这里，这里是他们的“家”。这个石碑花费了 13 年的时间才完成。

图 99B　当我听到一个孩子对他妈妈说：“我要成为一个像她一样的妈妈”的时候，我理解了公园的真实含义

图 100A、B　贝弗利 · 佩珀在北站公园造龙，承前启后，开启了巴塞罗那新的公共艺术思想和风格。

图 101　巴塞罗那的萨格拉达·法米利亚大教堂似乎是安东尼奥·高迪所在的这座城市的象征。它自 1822 年动工兴建，迄今仍在施工中，是一个未完成的高迪梦。

图 102　如今艾菲尔铁塔已成为巴黎的象征。艾菲尔铁塔高 321 米，分别于 57 米、115 米和 274 米处设置展望平台，游人可乘电梯至各段平台上四面俯瞰巴黎全城。

图 103　1932 年约瑟・维拉・多马（Josep VilaDomat）为共和国所作的自由女神铜像，被装置在琼•皮耶（Joan Pie）作的生铁纪念碑上。

图104　用水流的意向来进行创作的地标性公共艺术。

图 105　克里斯多的作品不但引起众人的注意，并且成功地让人们意识到什么是地景艺术。

图 106　飞跃峡谷之间的一道“虹”——《山谷垂帘》。

图 107A　加利福尼亚的金黄色的巨伞象征着炼金术者的炽热火焰。

图 107B　人们总的印象就像在林中采蘑菇。这些蘑菇伞忽隐忽现，有时是孤零零的一朵，有时却聚成一片，显得壮丽而迷人。

图 108　镶嵌着彩色陶片的护岸兼看台座位。

图 109　明十三陵神道及石象生。悠长的神道通向北方，18 对石象生以平面为六边形的左右两根望柱为前导，整齐地排列在神道的两侧，组成一队十分威严壮观的仪仗。

图 110　明孝陵神道及石象生。明孝陵位于南京紫金山西峰下独龙阜，是明太祖朱元璋与皇太后马氏的合葬墓。以其依地形而建的迂曲转折的神道为其特色。对峙的形体硕大的石象生有狮、獬豸、骆驼、象、麒麟、马 6 种，每种立一对，跪一对，共计 12 对；另有文臣、武将 4 对。其中象和骆驼最为宏大，是明初石雕艺术的代表作。

图 111　巴塞罗那威尔公园的大门，典型的高迪风格建筑，仿佛将人们带入一个童话世界。

图 112　米罗的《女人与鸟》是米罗公园的标志。作品的材料主要是彩色贴面砖，其下部像一只蝴蝶的身体或蚕茧，上部是一只空的鼓，鼓上有一轮新月。

图 113　米罗的造型与色彩在现代都市中总是给人们一种童话般的感觉。

图 114　红色的壁饰在任何地方都醒目耀眼，召唤着人们前行。

图 115　法国巴黎里昂火车站内的公共艺术作品。

图 116　西班牙马德里 Atocha 火车站内的一组公共艺术小品，过往的旅客都会对它以会心一笑。

图 117　一条人工河穿过前庭大厅，使这个人造空间充满了流动和自然的气息。

图 118　人流过往的公共空间中，以轻松的材质、明快的色调结合而成的公共艺术品，令人耳目一新。

图 119 交易广场中心三层通透明亮的前庭上，悬挂着复数形式的艺术品，将大自然红叶的意念带进了这一人造的共享空间之中。

图 120 纽约华尔街一角，艺术家采用半透明的材质在公共小憩处形成隔屏，既不将空间完全隔断，又使得游人在公共空间中，可凭借半透明的装置物而获得一定的私密性。

图 121　流水从石缝中溢出，飘飘洒洒地散落下来，形成一种清净而悠闲的氛围。

图 122　日本富山车站前广场上的水景艺术。

图 123　风铃与水声的诗意般结合。

图 124　动静相宜的泉阶。

图 125　在俄罗斯莫斯科欧洲广场的一组喷泉。

图 126　神户市街道旁的一条瀑布小溪中，人们透过薄膜般的水帘，可隐约看见石壁上的壁画。

图127　日本广岛车站前的喷水池，造型与材料恰到好处地将周围的环境映照于作品之中，使之与环境融为一体。

图 128　日本大阪市天王寺公园迂回转折的喷水池。

图 129　日本城山公园塚脇淳的作品《起自地上》建于 1986 年。

图130　德国柏林市中心广场上的水景工程。

图131　日本名古屋一广场上用石材雕成的《扭成一圈的孩子》。

图 132　克劳斯・舒尔茨（Klaus Schultze）的《戏水场之喷泉》，位于法国的克鲁瓦•珀蒂（Croix Petit）广场。趣味性的造型设计、传统砖材的构架和超尺度的人体组合，形成了传达儿童意象的童话效果。孩子们喜欢在上面嬉戏、攀登、滑溜，是一件深受市民欢迎的公共艺术作品。

图 133　日本多摩新市堀之内车站的仿海底生物喷水池。

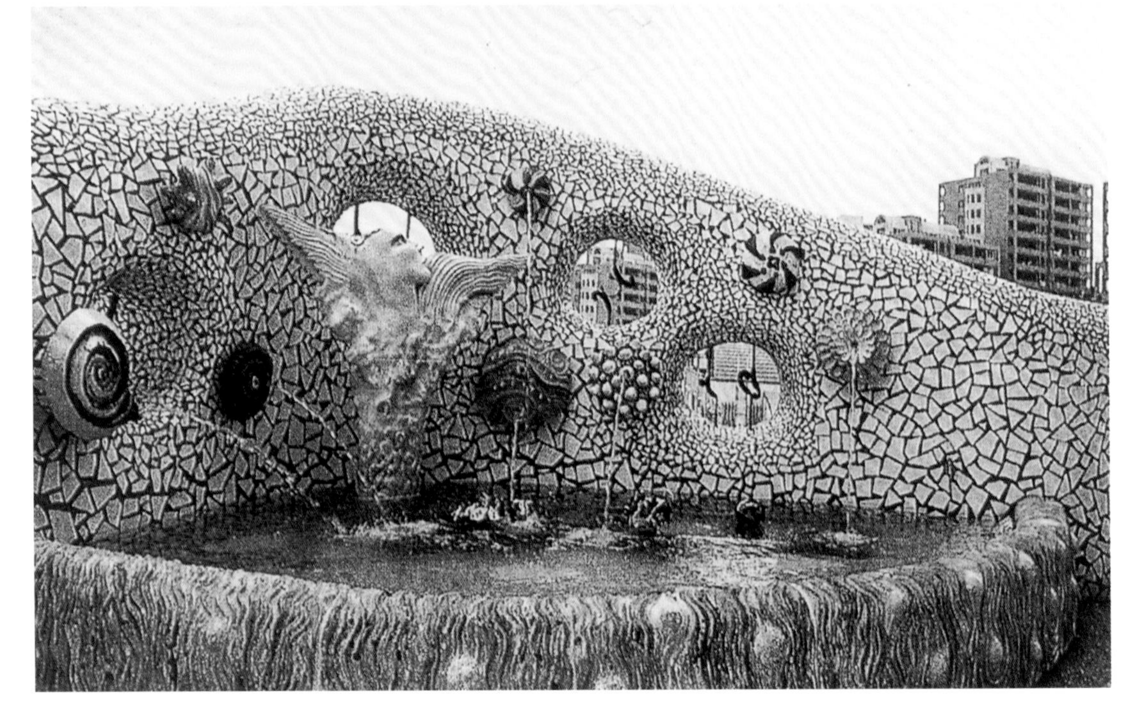

图 134　孩子与他的双亲被塑造成令附近学童喜爱的雕像，其中主题取自于一个古老的故事。喷泉喷射在雕像前方的石板上，形成一个有趣的乐点。

图 135　法国艺术家尼基・德・圣法勒和瑞士机械动力雕塑家廷格利（Tinguely）共同完成的蓬皮杜喷水池雕塑。

图 136　巴黎拉雪兹公墓旁的街道上两座大楼侧面的壁画，使路人产生一种视觉的错位，调节着都市人的心情。

图 137　新凯旋门与老凯旋门排列在一条中轴线上，二门遥相呼应，成为了巴黎新老城区的两道门户。

图 138　塞纳河边某公司入口的让·杜布菲（Jean Dubuffet）雕塑。

图 139　法国雕塑大师凯撒别具一格的作品《大拇指》，位于巴黎拉德芳斯广场，作品高 12 米。

图 140　拉德芳斯广场中心米罗的巨型雕塑。

图 141　德国柏林市中心广场上由马丁 · 马欣斯基和布丽日特 · 德宁霍夫创作的雕塑作品，雕塑的后面是象征着二战前后的新老教堂，雕塑强有力的“结”形表达了柏林人期望统一的共同心态。

图 142　装饰性演变成另一种符号后，形成了一个新的空间认识。

图 143　这是在美国一个新兴城市中的雕塑作品。这是带有结构主义倾向的作品与这一全新的人工城十分和谐，作品本身具有着一种轻松流动、起伏有序的韵律。

图 144　洛杉矶三和银行大厦前的水池中，一尊高 5 米的方形石基上矗立的一对高 32 米的三角锥体的青铜柱牌，名为《洛杉矶重点》。

图 145　墨西哥的《五塔广场》，由雕塑家隔里茨（Goeritz）用混泥土制的高 45 米至 60 米不等的 5 根彩色水塔柱构成。其后由于水塔逐渐失去了实用功能，成为纯粹的景观作品。五塔广场是巨大的建筑性几何造型，统一中求变化，以白色和橙色的醒目色彩由地面延伸至高空，构成了地标景观，象征着都市急速发展以及高楼大厦的拥挤空间。

图 146　底特律（Detroit）公民中心广场上由环形看台、喷泉和梯形门架构成的公共艺术作品，喷泉水柱可高出地面约 9 米，气势宏伟壮观。

图 147　罗伯特・贝伦斯（Robert Behrens）的这件作品坐落在丹佛市会议中心前的广场上。作品竖立在水泥和草坪相间的不同平面上，形状像大海中的礁石，由镜面玻璃制成。作品以他物代替自身的存在，不断地反射着树、云、街景和行人，像潮汛一样反射着四季变化、星移斗转。当你从一定的距离以外透过这座高原城市的清新空气，看这座雕塑的时候，你就仿佛看到一个由自然和都市融合而成的结晶体。

图 148　日本名古屋车站广场的《飞翔》纪念碑是近代高科技的产物。

图 149　高迪设计的建筑不仅大量运用了雕塑的表现手法，而且在其高度和宽度上合乎人体的比例，营造出适宜人进出和居住的空间。整个建筑可被称作是巨型雕塑。

图 150　位于巴塞罗那奥运村的志愿工作者纪念碑，建于 1992 年。

图 151　奥运村的鱼形景观雕塑与地中海遥相呼应。这是建筑师弗兰克・格利（Frankm Gehry）脑海里的一个怪念头，它逐渐扩大成了人们能够进入其体内并四处走动的一座雕塑，一件公共艺术品，也可称为一座公共建筑。它展示了格利思想的勃勃生机的综合数学与自然、实用与梦想的能力。

图 152　巴塞罗那码头大道上的《巴塞罗那女神》，由美国波普雕塑家罗伊·利希腾斯坦（Roy Lichtenstein）创作。用 20 世纪 30 年代美国漫画手法，借高迪式的瓷砖传统，半抽象地刻划了巴城。

图 153　码头大道上的公共艺术品。

图 154　在巴塞罗那奥运区由克拉斯·奥尔登堡（Claes Oldenbury）创作的公共艺术品。将日常的事物扩展到一种巨大的尺度，使都市人们在紧张的生活氛围中感受到一种诙谐和轻松。

图 155　在日本神奈川县港湾城市横滨，由 6 位艺术家共同操作，在“森林湾”展示了他们的构想——根据海滨的特定自然环境创造的“网眼艺术”的世界，由钢丝自由集结而成。

图 156　石块被有秩序地分布于小溪中，使绿色的草坪更添一份宁静的气息。

图 157　《浮动的雕塑》被装置于法国克革伦岛屿的水面上。

图 158　由钢板合成的常青藤似从墙面上长出，与树木浑然天成。

图 159　中国台湾宜兰东港河堤岸林荫道上的吊床，是由地方居民共同参与的环境设计。

图 160　结合景观设计的雕塑作品，与大自然相糅相契。

图 161　艺术家带有前卫性探索的艺术创作与自然环境结合的尝试。

图 162　在草坪上小憩一会儿。

图 163　天空为幕，碧草为床，一件由 5 个单体构成的大地雕塑。

图 164　《风的梳子》是西班牙艺术家伊达拉多·齐里达的作品，他长居海边，非常了解海的景观，透过风的梳子与岩石的对话，形成特殊的声音效果。这是以风为要素的创作实例。

图 165　《宇宙空间》是日本艺术家丰田丰（Yutaka Toyota）的作品，以不锈钢材质制作，位于日本北海道天蓝郡丰富町自然公园。不锈钢材质由于其吸收反射环境的能力最强，在景观雕塑中运用相当广泛。

图166　我国的园艺历来有应物塑形的传统，这是1995年杭州菊花展中的作品。

图167　杭州柳浪闻莺公园内的一处铺地，看似不经心的铺石，实际上却有着设计者对自然独到的领悟。